Dr. Pranjal Talukdar
Dr. Bandita Phukan
Dr. Joydeep Borah

LÓGICA MATEMÁTICA

Dr. Pranjal Talukdar
Dr. Bandita Phukan
Dr. Joydeep Borah

LÓGICA MATEMÁTICA

Curso de reforço de competências para o terceiro semestre

ScienciaScripts

Imprint
Any brand names and product names mentioned in this book are subject to trademark, brand or patent protection and are trademarks or registered trademarks of their respective holders. The use of brand names, product names, common names, trade names, product descriptions etc. even without a particular marking in this work is in no way to be construed to mean that such names may be regarded as unrestricted in respect of trademark and brand protection legislation and could thus be used by anyone.

Cover image: www.ingimage.com

This book is a translation from the original published under ISBN 978-620-8-01090-4.

Publisher:
Sciencia Scripts
is a trademark of
Dodo Books Indian Ocean Ltd. and OmniScriptum S.R.L publishing group

120 High Road, East Finchley, London, N2 9ED, United Kingdom
Str. Armeneasca 28/1, office 1, Chisinau MD-2012, Republic of Moldova, Europe
Printed at: see last page
ISBN: 978-620-8-12011-5

Prefácio

O livro "Mathematical Logic" (Lógica matemática) foi meticulosamente preparado para servir os alunos do curso de aperfeiçoamento de competências em matemática do terceiro semestre da Universidade de Dibrugarh (de acordo com o novo programa de estudos NEP-2020). A lógica matemática é um curso fundamental na licenciatura em matemática, fornecendo ferramentas e conceitos essenciais que são a base para estudos posteriores neste domínio. Este livro cobre todos os tópicos descritos no programa de estudos e inclui numerosos problemas resolvidos para melhorar a compreensão dos alunos e tornar o material mais acessível.

A primeira unidade do programa de estudos é da autoria do **Dr. Pranjal Talukdar**, professor assistente no Bir Raghab Moran Government Model College, Doomdooma, Tinsukia. Com grande dedicação, explicou os princípios básicos da lógica matemática, garantindo que os alunos desenvolvem uma forte compreensão da matéria desde o início.

A segunda unidade foi preparada pela **Dra. Bandita Phukan**, do Departamento de Matemática do Women's College, Tinsukia. Ela abordou os temas com clareza e simplicidade, tornando os conceitos mais fáceis de compreender e aplicar nos estudos.

A quarta unidade é da autoria do **Dr. Joydeep Borah**, professor assistente no D.D.R. College, Chabua, que fez um esforço significativo para apresentar tópicos avançados. O seu objetivo é ajudar os alunos a desenvolver as suas capacidades analíticas e a aprofundar os seus conhecimentos de lógica matemática.

Esperamos sinceramente que este livro seja um recurso valioso para os estudantes que exploram o fascinante mundo da lógica matemática. Agradecemos todas as sugestões dos leitores para melhorar o conteúdo em futuras edições.

Gostaríamos de expressar a nossa sincera gratidão à Lambert Academic Publishing pelo seu entusiasmo e apoio na concretização deste livro. O seu empenho assegurou que este livro fosse publicado a tempo de beneficiar os estudantes do curso de aperfeiçoamento de competências matemáticas do terceiro semestre do B.A./B.Sc./B.Com. Agradecemos também às nossas famílias pelo seu apoio moral inabalável e pelo seu encorajamento ao longo de todo o processo.

Autores

Dr. Pranjal Talukdar
Bir Raghab Moran Governo
Colégio Modelo, Doomdooma, Tinsukia

Colégio feminino **Dr. Bandita Phukan**
, Tinsukia

Dr. Joydeep Borah
Colégio D.D.R., Chabua

Conteúdo

Unidade I

Introdução

A matemática discreta é o estudo das estruturas matemáticas que são fundamentalmente discretas e não contínuas. Uma das suas componentes principais é a lógica proposicional, que constitui a base do raciocínio lógico, da informática e da matemática. A compreensão dos conceitos básicos de proposições, negação, conjunção e disjunção é crucial para o estudo da matemática discreta e das suas aplicações. Uma proposição em matemática discreta é uma afirmação declarativa que é verdadeira ou falsa, mas não ambas. Esta natureza binária das proposições faz delas os blocos de construção do raciocínio lógico e a base para estruturas matemáticas mais complexas. A lógica proposicional trata das proposições e das suas relações. Utiliza operadores lógicos para combinar proposições em afirmações mais complexas. A verdade ou falsidade destas afirmações pode ser avaliada sistematicamente. Na matemática discreta e na lógica, a conjunção e a disjunção são operações fundamentais utilizadas para combinar proposições e formar afirmações lógicas mais complexas. A compreensão destas operações é crucial para avaliar os valores de verdade de afirmações compostas e para construir argumentos lógicos.

Proposta

Uma proposição ou afirmação é uma frase declarativa que é verdadeira ou falsa (mas não ambas). Aqui, as únicas afirmações que são consideradas são as proposições, que não contêm variáveis. Como as proposições não contêm variáveis, elas são sempre verdadeiras ou sempre falsas. Por exemplo, as seguintes são proposições:

(i) Dispur fica em Assam (Verdadeiro)

(ii) $2 < 5$ (Verdadeiro)

(iii) $9 = 7$ (Falso)

(iv) O que estás a fazer? (Não é uma proposta)

(v) $x+2=4$. (Pode ser verdadeiro, pode não ser verdadeiro; depende do valor de x. Portanto, não é uma proposição)

(vi) $x-0=0$. (Sempre verdadeira, mas não é uma proposição por causa da variável).

4

Caraterísticas das proposições

1. Natureza declarativa: As proposições devem ser enunciados que declaram um facto ou uma afirmação.

Exemplo: "O céu é azul". Esta afirmação é uma proposição porque declara um facto e pode ser avaliada como verdadeira ou falsa.

Não-exemplo: "Que horas são?" Esta é uma pergunta e não pode ser considerada uma proposição.

2. Valor de verdade definido: Cada proposição deve ter um valor de verdade claro - verdadeiro (T) ou falso (F).

Exemplo: "2 + 2 = 4" é uma proposição verdadeira.

Exemplo: "A Terra é plana" é uma proposição falsa.

3. Exclusão de vagueza: As proposições não podem ser vagas ou ambíguas.

Exemplo: "Esta sala é grande" não é uma proposição se 'grande' não estiver claramente definido.

A partir dos exemplos acima, vemos que o facto de uma afirmação ser sempre verdadeira ou sempre falsa não é o que faz dela uma proposição. Em vez disso, o que importa é a estrutura da afirmação. Se uma afirmação não tem variáveis ou termos indefinidos, é uma proposição. Como resultado, terá sempre um valor de verdade definido, verdadeiro ou falso.

Tipos de proposições

1. Proposições simples: Contêm uma única afirmação sem quaisquer conectivos lógicos.

   Exemplo: "Está a chover".

2. Proposições compostas: São formadas pela combinação de duas ou mais proposições usando conectivos lógicos como AND ($\land$), OR ($\lor$), NOT ($\neg$), IMPLIES ($\rightarrow$) e IFF (If and only if) ($\leftrightarrow$).

Exemplo: "Está a chover e está frio" (conjunção de duas proposições simples).

Operações sobre proposições

Os conectivos lógicos são ferramentas fundamentais no estudo da lógica e da matemática discreta. Permitem-nos combinar proposições simples para formar afirmações mais complexas, possibilitando um raciocínio sofisticado e a construção de argumentos complexos. Utilizando os conectivos lógicos, podemos expressar relações entre proposições e avaliar os valores de verdade de afirmações compostas com base nos valores de verdade dos seus componentes. Seguem-se alguns conectivos lógicos:

1. Negação ($\neg$ ou $\sim$): A negação de uma proposição p é escrita como $\sim p$ (lê-se como não p), e inverte o valor de verdade de p.

Se p é verdadeira, $\sim p$ é falsa.

Se p é falsa, $\sim p$ é verdadeira.

Consideremos a afirmação p: Guwahati fica em Assam, então a negação de p é a afirmação $\sim p$: Não é verdade que Guwahati fica em Assam.

Seguem-se alguns exemplos de negação de uma afirmação:

(i) p: O céu é azul.

$\sim p$: O céu não é azul *ou* Não é verdade que o céu é azul.

(ii) p: A soma dos ângulos de um triângulo é 180 graus.

$\sim p$: A soma dos ângulos de um triângulo não é 180 graus *ou* não é verdade que a soma dos ângulos de

um triângulo tem 180 graus.

(iii) p: Todos os alunos são inteligentes.

$\sim p$: Alguns alunos não são inteligentes *ou* existe um aluno que não é inteligente *ou* pelo menos

um aluno não é inteligente.

(iv) *p*: 5 é maior do que 3.

~*p*: 5 não é maior do que 3 ou não é o caso de 5 ser maior do que 3 *ou* 5 é menor ou igual a 3.

2. Conjunção (∧): Se *p* e *q* são duas afirmações, então a conjunção de *p* e *q* é a afirmação composta escrita como *p*∧*q* e lida como "*p* e *q*". Só é verdadeira se *p* e *q* forem verdadeiras, caso contrário é falsa.

Seguem-se os exemplos de conjunção:

(i) *p*: Está a chover. *q*: Está frio. Então a conjunção de *p* e *q* é

    p∧*q*: Está a chover e está frio *ou* está a chover e está frio.

(ii) *p*: O relatório está concluído. *q*: A reunião está agendada.

    p∧*q*: O relatório está concluído e a reunião está agendada.

(iii) *p*: O computador está ligado. *q*: A Internet está ligada.

    p∧*q*: O computador está ligado e a Internet está conectada.

3. Disjunção (∨): Se *p* e *q* são duas afirmações, a disjunção de *p* e *q* é uma afirmação composta e escreve-se como *p*∨*q*. É verdadeira se pelo menos uma de *p* ou *q* for verdadeira.

Exemplo: (i) *p*: It is raining. *q*: It is cold.

    p ∨*q*: Está a chover ou está frio.

(ii)   *p*: Se comprar mais de 3 artigos, tem um desconto.

    q: Tem um desconto se for membro da loja.

    p ∨*q*: Obtém um desconto se comprar mais de 3 artigos ou se for membro do loja.

(iii) p: O aluno passou no exame intercalar.

    p: O aluno passou no exame final.

    p ∨*q*: O aluno passou no exame intercalar ou no exame final.

(iv) p: O candidato possui o grau de mestre.

    q: O candidato tem, pelo menos, 5 anos de experiência profissional.

    p∨*q*: O candidato tem um mestrado ou, pelo menos, 5 anos de experiência profissional.

Proposição e tabelas de verdade

Uma tabela verdade é uma tabela matemática utilizada para determinar o valor verdade de uma expressão lógica com base nos valores verdade dos seus componentes. As tabelas de verdade são essenciais para compreender o funcionamento dos diferentes operadores lógicos.

Considere duas proposições p e q. As tabelas-verdade para as afirmações compostas $p^\vee q$ e $p^\wedge q$ são as mostradas abaixo:

Tabela 1: Tabela de verdade para a disjunção Tabela 2:   Tabela verdade para a conjunção   Tabela 3: Tabela verdade para a negação

p	q	$p^\vee q$
T	T	T
T	F	T
F	T	T
F	F	F

p	q	$p^\wedge q$
T	T	T
T	F	F
F	T	F
F	F	F

p	$\sim p$
T	F
F	T

4. Implicação ($\rightarrow$): A implicação $p \rightarrow q$ afirma que se p é verdadeira, então q também deve ser verdadeira. Só é falsa quando p é verdadeira e q é falsa.

Exemplo: p: "Está a chover." q: "O chão está molhado."

$p \rightarrow q$: "Se está a chover, então o chão está molhado".

Tabela 4: Tabela de verdade para a implicação

p	q	Implicações $p \rightarrow q$
T	T	T
T	F	F
F	T	T
F	F	T

A ideia subjacente à tabela de verdade das implicações pode ser entendida da seguinte forma:

- Se p é **verdadeira** e q também é **verdadeira**, então a implicação é **verdadeira** porque q decorre de p.

- Se p é **verdadeira** mas q é **falsa**, então a implicação é **falsa** porque q não se segue de p.

- Se p for **falsa**, a implicação $p \rightarrow q$ é considerada **verdadeira** independentemente de q, porque a implicação não afirma nada sobre a conclusão quando a **hipótese é falsa**.

5. Bicondicional ($\leftrightarrow$): Considere duas proposições p e q, então a afirmação p *se* e somente se q é chamada de afirmação composta bicondicional e é denotada por $(p \leftrightarrow q)$. A bicondicional $p \leftrightarrow q$ afirma que p é verdadeira se e somente se q é verdadeira. É verdadeira quando ambas as proposições têm o mesmo valor de verdade.

Exemplo: (i) p: It is raining. q: O chão está molhado.

$p \leftrightarrow q$: Está a chover se e só se o chão estiver molhado.

(ii) p: Um número é par. q: O número é divisível por 2.

$p \leftrightarrow q$: Um número é par se e só se o número for divisível por 2.

(iii) p: Um triângulo é equilátero. q: Todos os ângulos do triângulo têm 60 graus.

$p \leftrightarrow q$: Um triângulo é equilátero se e só se Todos os ângulos do triângulo são 60 graus.

(iv) p: Uma pessoa é um adolescente. q: A idade da pessoa situa-se entre os 13 e os 19 anos, inclusive.

$p \leftrightarrow q$: Uma pessoa é adolescente se e só se a sua idade estiver compreendida entre os 13 e os 19 anos inclusive.

Tabela 5: Tabela de verdade para uma afirmação bicondicional

p	q	$p \leftrightarrow q$
T	T	T
T	F	F
F	T	F

F	F	T

Conversa, Contrapositiva e Inversa

1. Converse:

Os conceitos de inverso, contrapositivo e inverso estão relacionados com a afirmação p → q. O **inverso** de uma afirmação envolve a inversão dos seus componentes. Ou seja, se tivermos uma afirmação condicional "Se p, então q" (denotada como p → q), o inverso seria "Se q, então p" (denotada como

q → p).

É importante notar que a verdade da afirmação original não implica necessariamente a verdade da sua inversa. Por exemplo:

Declaração original: Se está a chover, então o chão está molhado.

Converse: Se o chão está molhado, então está a chover.

Embora a afirmação original seja geralmente verdadeira, o inverso pode não ser sempre verdadeiro porque o chão pode estar molhado por outras razões (por exemplo, alguém a regar o jardim).

2. Contrapositiva:

A **contrapositiva** de uma afirmação condicional p → q é formada pela negação da hipótese e da conclusão e, em seguida, pela sua inversão. A contrapositiva é a afirmação "Se não q, então não p" (denotada por ~q → ~p).

Exemplo:

- Declaração original: "Se chove, então o chão está molhado". (p → q)
- Contrapositiva: "Se o chão não está molhado, então não chove". ~q → ~p)

Nota: A contrapositiva de uma afirmação é logicamente equivalente à afirmação original. Se a afirmação original é verdadeira, a contrapositiva também é verdadeira, e se a afirmação original é falsa, a contrapositiva também é falsa.

3. Inversa:

A **inversa** de uma afirmação condicional p → q é formada pela negação da hipótese e da conclusão, sem as inverter. A inversa é a afirmação "Se não p, então não q" (denotada por ~p → ~q).

Exemplo:

Declaração original: "Se chove, então o chão está molhado". (p → q)

Inverso: "Se não chove, então o chão não está molhado". (~p → ~q)

Nota: A inversa de uma afirmação não é necessariamente equivalente logicamente à afirmação original. A verdade da inversa é independente da verdade da afirmação original.

Observa-se que

- O **inverso** e o **inverso** de uma afirmação são logicamente equivalentes entre si. Se uma é verdadeira, a outra também é verdadeira, e se uma é falsa, a outra também é falsa.
- A **contrapositiva** de uma afirmação é logicamente equivalente à afirmação original. Se uma é verdadeira, a outra também é verdadeira, e se uma é falsa, a outra também é falsa.

Para a afirmação condicional p → q, a tabela de verdade para o inverso, a inversa e a contrapositiva é a seguinte

Mesa 6: Tabela-verdade para $p \to q$, $q \to p$, $\sim q \to \sim p$, $\sim p \to \sim q$

p	q	Condicional $p \to q$	Converse $q \to p$	Contrapositiva $\sim q \to \sim p$	Inverso $\sim p \to \sim q$
T	T	T	T	T	T
T	F	F	T	F	T
F	T	T	F	T	F
F	F	T	T	T	T

A ideia subjacente às tabelas de verdade para o inverso, a inversa e a contrapositiva pode ser explicada da seguinte forma:

Inversa (q → p):

O **inverso** de uma implicação p → q é a afirmação q → p. Eis como a tabela de verdade para o inverso pode ser entendida:

- **Caso 1:** q é verdadeira e p também é verdadeira.

  Resultado: A afirmação inversa q → p é **verdadeira** porque p decorre de q.

  Explicação: Uma vez que q sendo verdadeira conduz diretamente a p sendo verdadeira, a implicação é válida.

- **Caso 2:** q é verdadeiro mas p é falso.

  Resultado: A inversa q → p é **falsa**.

  Explicação: Se q é verdadeira mas p é falsa, p não se segue de q, logo a implicação é falsa.

- **Caso 3:** q é falso e p é verdadeiro.

  Resultado: A inversa q → p é **verdadeira** porque a implicação é vacuamente verdadeira.

  Explicação: Quando q é falsa, a afirmação não faz uma afirmação sobre p, pelo que a implicação é considerada verdadeira independentemente de p ser verdadeira ou falsa.

- **Caso 4:** q é falso e p também é falso.

  Resultado: A inversa q → p é **verdadeira** porque a implicação é vacuamente verdadeira.

  Explicação: Uma vez que q é falso, a implicação não faz uma afirmação sobre p, e assim a afirmação é verdadeira por defeito.

Inverso (~p → ~q):

A **inversa** de uma implicação p → q é a afirmação ~p → ~q. Eis como se pode compreender a tabela de verdade da inversa:

- **Caso 1:** p é verdadeira e q também é verdadeira.

Resultado: A inversa ~p → ~q é **verdadeira**.

Explicação: Neste caso, tanto ~p como ~q são falsos, pelo que a implicação é vacuamente verdadeira.

- **Caso 2:** p é verdadeira mas q é falsa.

Resultado: A inversa ~p → ~q é **verdadeira**.

Explicação: Aqui, ~p é falso, pelo que a implicação é verdadeira independentemente do valor de verdade de ~q.

- **Caso 3:** p é falso e q é verdadeiro.

Resultado: A inversa ~p → ~q é **falsa**.

Explicação: Neste cenário, ~p é verdadeiro e ~q é falso, pelo que a implicação não se aplica.

- **Caso 4:** p é falsa e q também é falsa.

Resultado: A inversa ~p → ~q é **verdadeira**.

Explicação: Aqui, tanto ~p como ~q são verdadeiros, logo a implicação é verdadeira.

Contrapositiva (~q → ~p):

A **contrapositiva** de uma implicação p → q é a afirmação ~q → ~p. Eis como se pode entender a tabela-verdade da contrapositiva:

- **Caso 1:** p é verdadeira e q também é verdadeira.

Resultado: A contrapositiva ~q → ~p é **verdadeira**.

Explicação: Uma vez que ambos ~q e ~p são falsos, a implicação é vacuamente verdadeira.

- **Caso 2:** p é verdadeira mas q é falsa.

Resultado: A contrapositiva ~q → ~p é **falsa**.

Explicação: Aqui, ~q é verdadeiro mas ~p é falso, pelo que a implicação não se mantém.

- **Caso 3: p é falso e q é verdadeiro.**

   Resultado: A contrapositiva ~q → ~p é **verdadeira**.

   Explicação: Neste caso, ~q é falso, o que torna a implicação vacuamente verdadeira.

- **Caso 4: p é falsa e q também é falsa.**

Resultado: A contrapositiva ~q → ~p é **verdadeira**.

Explicação: Aqui, tanto ~q como ~p são verdadeiros, pelo que a implicação é válida.

Q1. Prove que $p \leftrightarrow q \equiv (p \to q) \wedge (q \to p)$

Solução: A tabela-verdade para cada proposição composta pode ser formada da seguinte forma:

p	q	$p \leftrightarrow q$	$p \to q$	$q \to p$	$(p \to q) \wedge (q \to p)$
T	T	T	T	T	T
T	F	F	F	T	F
F	T	F	T	F	F
F	F	T	T	T	T

Da tabela-verdade acima, verifica-se que $p \leftrightarrow q \equiv (p \to q) \wedge (q \to p)$.

Q2. Construa uma tabela-verdade para a proposição composta $\sim(p \vee q) \vee (\sim p \wedge \sim q)$

Solução: A tabela-verdade para cada proposição composta é construída da seguinte forma:

p	q	$\sim p$	$\sim q$	$p \vee q$	$\sim(p \vee q)$	$\sim p \wedge \sim q$	$\sim(p \vee q) \vee (\sim p \wedge \sim q)$
T	T	F	F	T	F	F	F
T	F	F	T	T	F	F	F
F	T	T	F	T	F	F	F
F	F	T	T	F	T	T	T

Equivalência lógica

A equivalência lógica é um conceito fundamental em lógica que descreve uma relação entre duas afirmações (ou proposições) em que ambas as afirmações têm sempre o mesmo valor de verdade, independentemente dos valores de verdade dos seus componentes.

Diz-se que duas proposições P e Q são logicamente equivalentes se a tabela de verdade de P e a tabela de verdade de Q forem idênticas, o que significa que P é verdadeira sempre que Q é verdadeira e P é falsa sempre que Q é falsa.

Esta relação é denotada pelo símbolo $\equiv$, pelo que escrevemos:

$$P \equiv Q$$

para indicar que P e Q são logicamente equivalentes.

Exemplo: considere as seguintes expressões:

$$p \rightarrow q \quad \text{(Se p então q) e} \quad {\sim}p \vee q \quad (\text{não } p \text{ ou } q)$$

Estas duas expressões são logicamente equivalentes porque produzem sempre o mesmo valor de verdade em todos os cenários possíveis.

Assim, $\quad p \rightarrow q \ \equiv \ {\sim}p \vee q$

Álgebra das proposições

Tabela 7: Leis da álgebra das proposições

$p \vee p \equiv p$ $p \wedge p \equiv p$	Leis de idempotência
$(p \vee q) \vee r \equiv p \vee (q \vee r)$ $(p \wedge q) \wedge r \equiv p \wedge (q \wedge r)$	Leis associativas
$p \vee q \equiv q \vee p$ $p \wedge q \equiv q \wedge p$	Leis comutativas
$p \vee (q \wedge r) \equiv (p \vee q) \wedge (p \vee r)$	Leis distributivas

$p \wedge (q \vee r) \equiv (p \wedge q) \vee (p \wedge r)$	
$p \wedge \text{True} \equiv p$; $p \vee \text{True} \equiv \text{True}$ $p \vee \text{False} \equiv p$; $p \wedge \text{False} \equiv \text{False}$	Leis de identidade
$p \vee \sim p \equiv \text{True}$; $p \wedge \sim p \equiv \text{False}$ $\sim T \equiv F$; $\sim F \equiv T$	Leis complementares
$\sim (\sim p) \equiv p$	Direito de involução
$\sim (p \vee q) \equiv \sim p \wedge \sim q$ $\sim (p \wedge q) \equiv \sim p \vee \sim q$	Leis de DeMorgan
$p \vee (p \wedge q) \equiv p$ $p \wedge (p \vee q) \equiv p$	Leis de absorção

Predicados e Quantificadores: Uma introdução

No domínio da lógica e da matemática, os predicados e os quantificadores são ferramentas fundamentais utilizadas para exprimir afirmações que envolvem variáveis. Os predicados permitem-nos fazer afirmações sobre elementos num domínio, enquanto os quantificadores ajudam a especificar até que ponto um predicado se aplica a esses elementos. A compreensão destes conceitos é essencial para dominar o raciocínio lógico, as técnicas de prova e várias aplicações em informática e matemática.

1. Predicados

Definição: Um predicado é uma afirmação ou função que recebe uma ou mais variáveis como entrada e devolve um valor de verdade (verdadeiro ou falso). Ao contrário das proposições, que são afirmações com um valor de verdade fixo, os predicados dependem das variáveis que envolvem.

Por outras palavras, um predicado P(x) é uma frase que contém um número finito de variáveis e que se torna uma proposição quando valores específicos são substituídos pelas variáveis. Aqui, p(x) é uma função proposicional e x é uma variável de predicado.

Exemplo: Consideremos o predicado P(x), que representa a afirmação "x é um número primo". A verdade de P(x) depende do valor de x. Por exemplo:

P (2) é verdadeira porque 2 é um número primo.

P (4) é falsa porque 4 não é um número primo.

Domínio: O domínio de uma variável de predicado é o conjunto de todos os valores possíveis que podem ser substituídos no lugar da variável.

Por exemplo: "x é um ótimo jogador de badminton"

Aqui x pode assumir valores do conjunto de todos os nomes humanos. Assim, o domínio é o conjunto de todos os nomes humanos.

Aplicações: Os predicados são utilizados para expressar propriedades de objectos dentro de um domínio. Por exemplo, se tivermos um domínio de todos os números inteiros, o predicado P(x) pode representar "x é par" ou "x é maior que 5". Os predicados são também essenciais na definição de conjuntos matemáticos, onde um conjunto pode ser descrito por todos os elementos que satisfazem um determinado predicado.

2. Quantificadores

Definição: Os quantificadores são símbolos utilizados para especificar a quantidade de elementos de um domínio que satisfazem um determinado predicado. Os dois quantificadores mais comuns são:

Quantificador universal ($\forall$, para todos): Indica que um predicado é verdadeiro para todos os elementos de um domínio.

Exemplo: (i) Declaração: "Todos os alunos são inteligentes".

Seja P(x) a expressão "x é inteligente" e o domínio é o conjunto de todos os alunos.

Então a afirmação acima pode ser escrita como: $\forall$ x P(x).

(ii)Afirmação: "Todos os números naturais maiores que 1 são primos ou compostos."

Em forma simbólica: $\forall$x (P(x) ou C(x))

Interpretação: Para cada x no domínio dos números naturais maiores que 1, x é primo (P(x)) ou composto (C(x)).

Quantificador existencial (∃, existe): Indica que existe pelo menos um elemento num domínio para o qual o predicado é verdadeiro.

Exemplo: (i) "Existe x tal que $x^2 = 9$"

Seja P(x) denotar "$x^2 = 9$"

Então a afirmação acima pode ser escrita como ∃ x P(x).

Exemplo (ii)

A afirmação: "Existe um número natural que é simultaneamente primo e par."

Em forma simbólica: ∃x (P(x) e E(x))

Interpretação: Existe pelo menos um número natural x tal que x é primo (P(x)) e par (E(x)).

Aplicações: Os quantificadores são utilizados para formular afirmações e teoremas matemáticos precisos. São fundamentais em provas, especialmente em argumentos que envolvem generalização (usando ∀) ou existência (usando ∃).

3. Variáveis de ligação

Definição: Numa expressão lógica, diz-se que uma variável está "ligada" se for quantificada por um quantificador dentro da expressão. Uma variável é "livre" se não estiver ligada a nenhum quantificador.

Exemplos:

Na expressão ∀ x (P(x)→Q(y)), a variável x é limitada pelo quantificador universal, enquanto y é livre.

Na expressão ∃ y (P (x, y)), y é limitado pelo quantificador existencial, enquanto x permanece livre.

Importância: Compreender a distinção entre variáveis ligadas e variáveis livres é crucial quando se avalia a verdade de expressões lógicas. O âmbito dos quantificadores determina as variáveis a que estão ligados e uma interpretação errada deste âmbito pode levar a conclusões incorrectas.

4. Negações de afirmações quantificadas

Negação do quantificador universal ($\forall$): A negação de uma afirmação com um quantificador universal ($\forall$ x P(x)) é logicamente equivalente a uma afirmação com um quantificador existencial que nega o predicado: $\sim(\forall x P(x)) \equiv \exists x \sim P(x)$.

Exemplo:

Declaração original: "Todos os números inteiros são pares".

Forma simbólica: $\forall x (E(x))$

Negação: "Existe um número inteiro que não é par."

Forma simbólica: $\exists x (\sim E(x))$.

Negação do Quantificador Existencial ($\exists$): A negação de uma afirmação com um quantificador existencial ($\exists$ x P(x) é logicamente equivalente a uma afirmação com um quantificador universal que nega o predicado: $\sim(\exists x P(x)) \equiv \forall x \sim P(x)$.

Exemplo:

Declaração original: "Existe um número primo que é par."

Forma simbólica: $\exists x (P(x) e E(x))$.

Negação: "Todos os números primos não são pares".

Forma simbólica: $\forall x (\sim(P(x) e E(x))$.

Nota:

Os quantificadores de equivalência dos seguintes quantificadores universais e dos quantificadores existenciais são:

1. $\forall x P(x) \Leftrightarrow \sim \exists x (\sim P(x))$
2. $\exists x P(x) \Leftrightarrow \sim \forall x (\sim P(x))$
3. $\sim \forall x P(x) \Leftrightarrow \exists x (\sim P(x))$
4. $\sim \exists x P(x) \Leftrightarrow \forall x (\sim P(x))$

Truque de atalho: $+\forall$ é substituído por $-\exists$ e $+P$ substituído por $-P$ e vice-versa. (Aqui $+\forall$ significa $\forall$ e $-\forall$ significa $\sim\forall$ e assim por diante).

Exemplo: Seguem-se alguns exemplos de negação de uma afirmação:

Declaração	Negação
Todos verdadeiros, $\forall x\, P(x)$	$\sim (\forall x\, P(x)) = \exists x\, (\sim P(x))$, Pelo menos um falso
Pelo menos um falso, $\exists x\, (\sim P(x))$	$\sim(\exists x\, (\sim P(x))\,) = \forall x\, P(x)$, Todas verdadeiras
Todos falsos, $\forall x\, (\sim P(x))$	$\sim(\forall x\, (\sim P(x))\,)= \exists x\, P(x)$, Pelo menos um verdadeiro
Pelo menos um verdadeiro, $\exists x\, P(x)$	$\sim(\exists x\, P(x)\,)= \forall x\, (\sim P(x))$, Todas falsas

Exemplo: Negar o seguinte:

$$[\forall x[\exists y[P(x,y)\wedge Q(y)]\,]\,]$$

Solução: Negação de $[\forall x[\exists y[P(x,y)\wedge Q(y)]]]$

$$=\sim [\forall x[\exists y[P(x,y)\wedge Q(y)]\,]\,]$$

$$= \exists x \sim[\exists y[P(x,y)\wedge Q(y)]]$$

$$= \exists x\, \forall y \sim[P(x,y)\wedge Q(y)]$$

$$=\exists x\, \forall y\, [\sim P(x,y)\vee\sim Q(y)]$$

Unidade II

Conjuntos

A teoria dos conjuntos, desenvolvida pelo matemático alemão Georg Cantor (1845-1918), é um ramo da lógica matemática. Os conjuntos são os blocos de construção fundamentais da matemática. Enquanto a lógica fornece uma linguagem e regras para fazer matemática. A teoria dos conjuntos fornece o material para a construção da estrutura matemática. Esta teoria é fundamental para a matemática no sentido em que muitas áreas da matemática e da ciência utilizam a teoria dos conjuntos e a sua linguagem e notações.

Os conjuntos podem ser definidos como **uma coleção bem definida de objectos** em que cada objeto do conjunto é designado por "elemento" ou "membro" do conjunto.

Os conjuntos são normalmente designados por letras maiúsculas A, B, C, X, Y, Z, etc.

Os elementos de um conjunto são representados por letras minúsculas a, b, c, x, y, z, etc.

Exemplos:

- O conjunto de cores principais C = {vermelho, azul, amarelo}
- O conjunto de vogais do alfabeto inglês V = {1, e, i, o, u}

Alguns outros exemplos comuns de conjuntos são mencionados abaixo:

- Conjunto dos números naturais: **N** = {1, 2, 3, 4....}

- Conjunto de números pares: **E** = {2, 4, 6, 8...}

- Conjunto de números primos: **P** = {2, 3, 5, 7...}

- Conjunto de números inteiros: **Z** = {..., -4, -3, -2, -1, 0, 1, 2....}

Se "a" é um elemento do conjunto A, então isto é expresso como $a \in A$ Se "a" é um elemento do conjunto A, então isto exprime-se como "a pertence a A", o que significa que "a" é um elemento de A ou que "a" está contido em A.

Por outro lado, se "b" não é um elemento de A, então escrevemos $b \notin A$ o que significa que b não é um elemento de A.

Por exemplo, V é o conjunto das vogais do alfabeto inglês. Portanto, aqui, $e \in V$ mas $b \notin V$.

É importante saber que um conjunto pode também ser um elemento de outro conjunto. A matemática está cheia de exemplos de conjuntos de conjuntos. Uma reta, por exemplo, é um conjunto de pontos; o conjunto de todas as rectas no plano é um exemplo natural de um conjunto de conjuntos (de pontos).

Diz-se que dois conjuntos são iguais se contiverem exatamente os mesmos elementos. E escrevemos

A = B

Exemplo: A = {1,3,2} e B = {1,2,3}, aqui o conjunto A e o conjunto B são conjuntos iguais.

Existem dois métodos para descrever um conjunto

1. Método da lista ou tabular:

Neste método, listamos todos os membros do conjunto entre parênteses separados por vírgulas. Não repetimos nenhum elemento quando escrevemos o elemento num conjunto. Mais uma vez, a ordem pela qual os elementos são escritos é irrelevante.

Exemplo:

- O conjunto dos cinco primeiros números primos P = {2, 3, 5, 7, 11}
- O conjunto dos números positivos de um só algarismo N = {1, 2, 3, 4, 5, 6, 7, 8, 9}
- O conjunto de letras para escrever a palavra "TREE" L = {T, R, E}
- O conjunto das soluções da equação $x^2 - x + 2$ ou seja, {1, 2}

2. Definir método Builder:

Nesta forma, listamos a propriedade ou propriedades satisfeitas por todos os elementos do conjunto, que não é possuída por nenhum elemento fora do conjunto.

A forma geral é: A = {x: propriedade} ou {x|x property} , : ou | significa tal que.

Por exemplo, A = {x|x is a positive prime, $x \leq 20$ } lê-se como o conjunto de todos os x tais que x é um número primo positivo menor que 20.

Alguns outros exemplos:

- $A = \{x : x \text{ is the square of natural number}\}$
- $B = \{x : x \text{ is an integer} - 3 < x < 7\}$
- $C = \{x : x \text{ is a letter of in the word COLLEGE}\}$

Conjunto vazio

Um conjunto que não tem nenhum elemento é designado por conjunto vazio. O conjunto vazio é denotado por $'\varphi'$(phi) ou $\{\}$. É também conhecido como conjunto nulo ou conjunto vazio. Por outro lado, um conjunto com pelo menos um elemento chama-se conjunto não vazio.

Quando dois dados são lançados simultaneamente, a coleção dos números para trios obtém um número maior que 25. Consequentemente, o conjunto que contém os números inteiros maiores que 25 será zero, ou seja, não haverá itens e o conjunto resultante será vazio.

Do mesmo modo, um mês com 33 dias, uma semana com 2 terças-feiras, ou um gato com cinco patas, um número inteiro entre 6 e 7 são exemplos de conjuntos vazios.

Conjunto único:

Se um conjunto contém apenas um elemento, é designado por conjunto singular. É também designado por conjunto unitário.

Exemplo: $A = \{x : x \text{ é um número primo par}\}$

Conjunto universal:

O conjunto universal é um conjunto que contém todos os elementos relacionados com um contexto específico. O conjunto universal é denotado por U, que é um superconjunto de todos os conjuntos relativos a um determinado contexto.

Por exemplo, no contexto, o conjunto V representa o conjunto das vogais, o conjunto C representa o conjunto das consoantes, e o conjunto universal pode ser o conjunto de todos os alfabetos.

O conjunto de todos os números reais é o conjunto universal no contexto dos conjuntos dos números racionais, irracionais, inteiros, inteiros, naturais, etc.

- Se A é um subconjunto do conjunto universal U, então todos os elementos de U que não estão em A são chamados o **complemento de A (denotado por A').**

- Se A é um subconjunto do conjunto universal U, então o complemento de A é também um subconjunto de U.

- O complemento de um conjunto universal é sempre um conjunto vazio.

Subconjuntos

Se todos os elementos de um conjunto A pertencem a um conjunto B, então A é chamado de subconjunto de B e B é chamado de superconjunto de A. Em símbolos, escrevemos $A \subseteq B$. Se, para além disso, houver pelo menos um elemento em B que não esteja em A, dizemos que A está estritamente contido em B ($A \subset B$) e dizemos que A é um subconjunto próprio de B. $A \not\subseteq B$ significa que A não é um subconjunto de B.

Exemplo:

1. $A = \{2,5,6,3,2,7\}, B = \{3,5,6\}$ depois $B \subseteq A$
2. O conjunto dos números naturais N é um subconjunto do conjunto dos números inteiros, o conjunto dos números reais.

É evidente que A=B se e só se $A \subseteq B$ e $B \subseteq A$

- Todo o conjunto é subconjunto de si mesmo, ou seja, para qualquer conjunto A, $A \subseteq A$.
- Conjunto vazio φ é o subconjunto de todos os conjuntos.

Operações de conjunto

As operações básicas que são aplicadas em dois ou mais conjuntos para desenvolver uma relação entre eles são

1. **União de conjuntos:**
   Para dois conjuntos dados A e B, $A \cup B$ (lê-se A união B) é o conjunto de elementos distintos que pertencem ao conjunto A ou B (ou ambos).

   Assim, $A \cup B = \{x | x \in A \text{ or } B \text{ (or both)}\}$

2. **Intersecção de conjuntos:**

Para dois conjuntos dados A e B, $A \cap B$ (lê-se A intersecção B) é o conjunto de todos os elementos de A e B.

$$\text{Assim, } A \cap B = \{x | x \in A \text{ and } x \in B\}.$$

3. Diferença:

A Diferença de dois conjuntos A e B é definida como sendo o conjunto

$$A - B = (x | x \in A, x \notin B)$$

No caso de $B \subset A$, então A-B é chamado o complemento de B em A.

Exemplo:

Deixe, $A = \{a, b, c\}$

$B = \{c, d, e, f\}$

$A \cup B = \{a, b, c, d, e, f\}$

$A \cap B = \{c\}$

$A - B = \{a, b\}$

Diagrama de Venn

Um diagrama de Venn é um diagrama que nos ajuda a visualizar a relação lógica e as operações entre conjuntos. O diagrama de Venn foi introduzido por John Venn (1834-1883). O diagrama de Venn utiliza normalmente círculos (sobrepostos, intersectados e não-intersectados) para indicar a relação entre conjuntos (embora possam ser utilizadas outras figuras fechadas, como quadrados). O conjunto universal (U) é normalmente representado por um retângulo fechado, constituído por todos os conjuntos. Um diagrama de Venn é também designado por diagrama de conjuntos ou diagrama lógico.

Por exemplo: $U = \{1, 2, 3, 4, 5, 6, 7, 8, 9\}$

$$A = \{2, 4, 5, 8\}$$

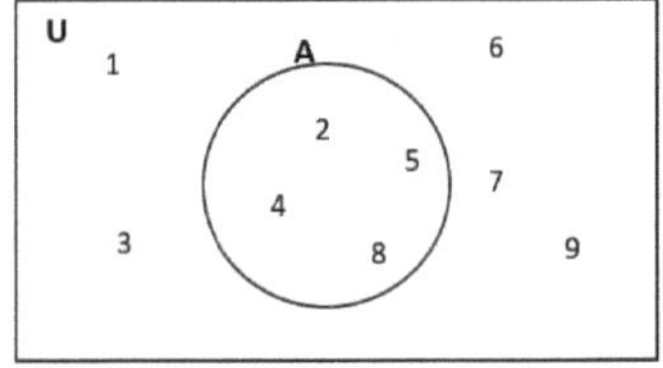

Operações de conjunto e diagrama de Venn

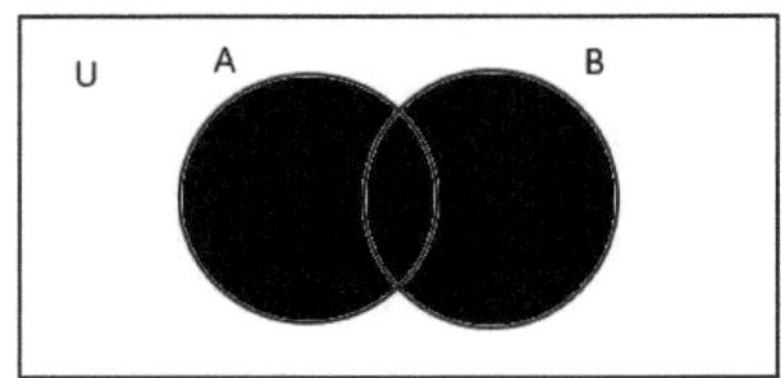

A ∪ B

A parte sombreada é A ∪ B

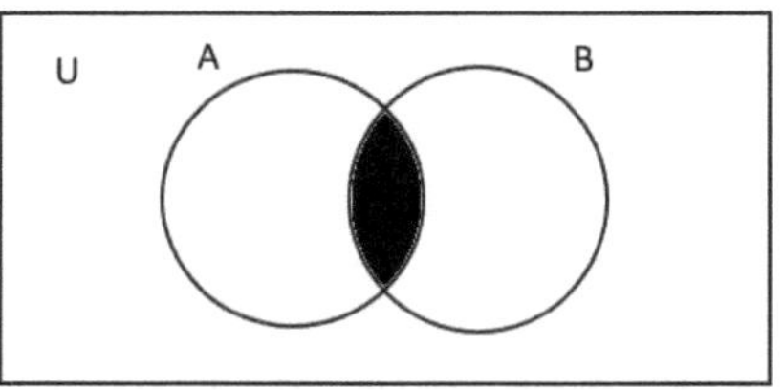

A ∩ B

A parte sombreada é A ∩ B

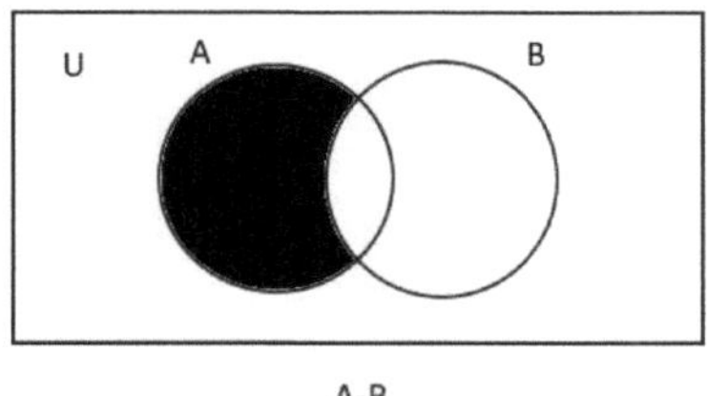

A-B

A parte sombreada é A-B

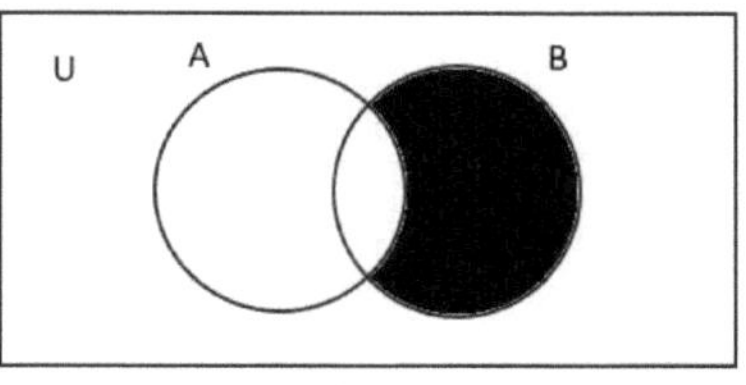

B-A

A parte sombreada é B-A

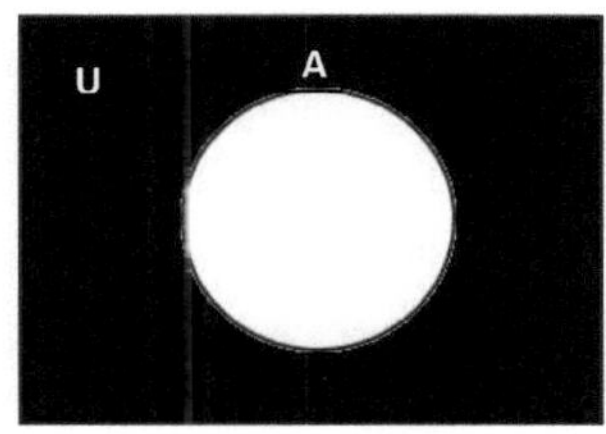

A parte sombreada é A′

Leis da teoria dos conjuntos

1. Lei comutativa:

União: $A \cup B = B \cup A$

Cruzamento: $A \cap B = B \cap A$

2. Direito associativo:

União: $(A \cup B) \cup C = A \cup (B \cup C)$

Cruzamento: $(A \cap B) \cap C = A \cap (B \cap C)$

3. Lei da Idempotência:

União: $A \cup A = A$

Cruzamento: $A \cap A = A$

4. Lei distributiva:

União sobre intersecção: $A \cup (B \cap C) = (A \cup B) \cap (A \cup C)$

Intersecção sobre união: $A \cap (B \cup C) = (A \cap B) \cup (A \cap C)$

5. Lei Complementar:

$A \cup A' = U \quad A \cap A' = \varphi$

6. **Lei de De Morgan:**

Complemento de união: $(A \cup B)' = A' \cap B'$

Complemento de intersecção : $(A \cap B)' = A' \cup B'$

7. **Lei de absorção:**

$A \cup (A \cap B) = A$ $\qquad\qquad$ $A \cap (A \cup B) = A$

Conjunto finito e conjunto infinito

Um conjunto é considerado finito se estiver vazio ou se tiver um número finito de elementos, ou seja, se os elementos puderem ser enumerados por um número natural, de modo a que o processo de enumeração termine após uma determinada fase.

O processo de contagem de elementos chega ao fim num conjunto finito. O conjunto é constituído por um elemento do início e um elemento do fim.

Um conjunto com um número infinito de elementos é designado por **conjunto infinito**.

- O conjunto vazio é um conjunto finito sem nenhum elemento.
- O número de subconjuntos de um conjunto finito contendo n elementos é 2^n.

Contabilidade

Qualquer conjunto infinito que possa ser emparelhado com os números naturais numa correspondência de um para um, de modo a que cada um dos elementos do conjunto possa ser identificado um de cada vez, é um conjunto infinito contável.

Por exemplo, consideremos o conjunto $A = \{0, -1, 1, -2, 2, -3, 3 \ldots\}$ cujos elementos podem ser emparelhados com um número natural da seguinte forma

$$
\begin{array}{ccccccc}
1 & 2 & 3 & 4 & 5 & 6 & 7\ldots \\
| & | & | & | & | & | & | \\
0, & -1, & 1, & -2, & 2, & -3, & 3\ldots
\end{array}
$$

Assim, é possível identificar o *n-ésimo* elemento como o número natural n.

Quando não é possível emparelhar cada um dos elementos do conjunto infinito com um único elemento do conjunto dos números naturais, então o conjunto é chamado infinito incontável. Por exemplo, o conjunto dos números reais de zero a um, ou seja, (0,1), não é contável porque existem infinitos números entre dois números reais distintos e, portanto, não podemos atribuir um único número natural a cada número real do conjunto.

Conjunto finito	Conjunto infinito
Os conjuntos finitos são contáveis.	Os conjuntos infinitos podem ser contáveis ou incontáveis.
Um subconjunto de um conjunto finito será sempre finito.	Um subconjunto de um conjunto infinito pode ser finito ou infinito.
O conjunto de potências de um conjunto finito será sempre finito. A união de dois conjuntos finitos é finita.	O conjunto de potências de um conjunto infinito é infinito. A união de dois conjuntos infinitos é infinita.

O número de elementos de um conjunto é designado por **ordem de um conjunto**. Assim, se A é um conjunto, então a ordem de A significa o número de elementos em A que é expresso como O(A) ou $|A|$.

- $O(\varphi) = 0$

- A ordem do conjunto é também conhecida como **cardinalidade**.

- A dimensão do conjunto, quer se trate de um conjunto finito ou de um conjunto infinito, diz-se que é um conjunto de ordem finita ou de ordem infinita, respetivamente.

Propriedades do conjunto vazio

Já falámos do conjunto vazio, o conjunto que não tem elementos. Seguem-se algumas propriedades importantes do conjunto vazio.

1. Conjunto vazio é um subconjunto de todo conjunto, ou seja, para qualquer conjunto A, $\varphi \subseteq A$.

2. O único subconjunto de um conjunto vazio é o próprio conjunto vazio, ou seja, $A \subseteq \varphi \Rightarrow A = \varphi$.

3. O número de elementos do conjunto vazio ou a ordem do conjunto vazio é zero, $/\varphi \mid = 0$.

4. O conjunto de potências do conjunto vazio é o conjunto que contém apenas o conjunto vazio,

    Ou seja, $P(\varphi) = \{\varphi\}$

5. A união de qualquer conjunto A com o conjunto vazio é o próprio conjunto A, ou seja, $A \cup \varphi = A; \forall A$

6. A intersecção de qualquer conjunto A com o conjunto vazio é novamente o conjunto vazio,

    ou seja, $A \cap \varphi = \varphi; \forall A$

Unidade III

Produto Cartesiano

O produto cartesiano de A e B, denotado por A × B é o conjunto de todos os pares ordenados (a, b) em que a é um elemento de A e b é um elemento de B.

Então, $A \times B = \{(a, b): a \in A \text{ and } b \in B\}$

Por exemplo, se A = {a, b} e B = {i, j, k}, então o produto cartesiano de A e B é

$$A \times B = \{(a, i), (a, j), (a, k), (b, i), (b, j), (b, k)\}$$

Se houver m elementos em A e n elementos em B, então há m × n elementos em A × B.

Conjuntos equivalentes

Diz-se que dois conjuntos são equivalentes quando têm o mesmo número de elementos, embora os elementos sejam diferentes.

Exemplo:

- A = {7, 8, 9, 10} e B = {a, b, c, d}. Aqui, o conjunto A e o conjunto B são conjuntos equivalentes, uma vez que o(A) = o(B).
- Se P = {1, -7,200011000,55} e Q = {1,2,3,4}, então P é equivalente a Q.

Conjuntos sobrepostos

Diz-se que dois conjuntos são sobreponíveis se pelo menos um elemento do conjunto A estiver presente no conjunto B.

Exemplo: A = {4,5,6} B = {4,9,10}. Aqui, o elemento 4 está presente tanto no conjunto A como no conjunto B. Logo, A e B são conjuntos sobrepostos.

Conjuntos disjuntos

Dois conjuntos são ditos disjuntos se não houver nenhum elemento comum em ambos os conjuntos. De forma equivalente, dizemos que dois conjuntos disjuntos são conjuntos cuja intersecção é o conjunto vazio.

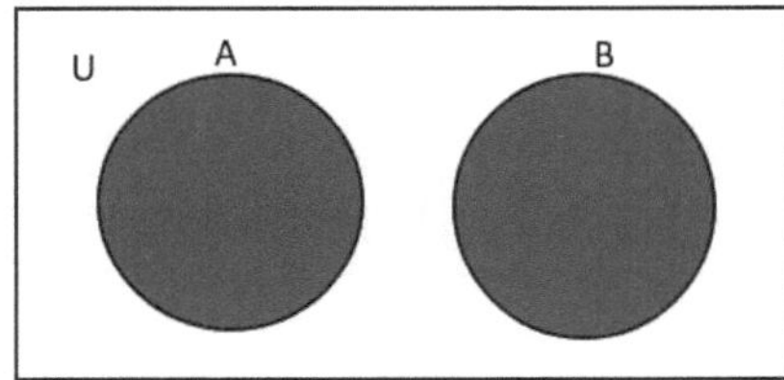

Exemplo: A = {1,2,3,4} B = {7,8,9,10}. Aqui, o conjunto A e o conjunto B são conjuntos disjuntos. O conjunto dos números ímpares e o conjunto dos números pares são conjuntos disjuntos.

Conjunto de potência

Um conjunto de potências é definido como o conjunto ou grupo de todos os subconjuntos de um dado conjunto, incluindo o conjunto vazio. Se A é um conjunto qualquer, então o conjunto de potências de A é denotado por P(A).

Por exemplo, se o conjunto A = {1,2,3}, o número total de elementos do conjunto é 3.

Portanto, há 2^3 elementos no conjunto das potências. Vamos encontrar o conjunto de potências do conjunto A.

Conjunto A = {1,2,3}

Subconjuntos do conjunto A = φ, {1}, {2}, {3}, {1,2}, {2,3}, {1,3}, {1,2,3}

Conjunto de potências P(A) = { φ, {1}, {2}, {3}, {1,2}, {2,3}, {1,3}, {1,2,3} }

- O número de elementos no conjunto de potências de A é 2^n, onde n é o número de elementos no conjunto A
- O conjunto de potências de um conjunto finito é finito.
- O conjunto de potências de um conjunto finito contável é contável.

Diferença e diferença simétrica de dois conjuntos

A **Diferença** de dois conjuntos A e B é definida como sendo o conjunto

$$A - B = (x|x \in A, x \notin B)$$

Exemplo: Considere dois conjuntos B = {a, b, c, d, e} e B = {a, e, f, g}.

Então, A - B = {a̶, b, c, d, e̶} - {a̶, e̶, f, g} = {b, c, d}

B - A = {a̶, e̶, f, g} - {a̶, b, c, d, e̶} = {f, g}

- A - B = o conjunto que se obtém retirando os elementos de A ∩ B de A

- B - A = o conjunto que se obtém retirando os elementos de A ∩ B de B

- A diferença de dois conjuntos iguais é o conjunto vazio.

- Para qualquer conjunto A, $A - \varphi = A$ e $\varphi - A = \varphi$

- Para quaisquer dois conjuntos A e B, $A - B = \varphi$ se $A \subset B$

- Se A e B são conjuntos disjuntos (não há elementos comuns a A e B), então

A - B = A e B - A = B.

A diferença simétrica entre dois conjuntos é um conjunto de elementos que estão em ambos os conjuntos mas não na sua intersecção. Assim, a diferença simétrica de dois conjuntos A e B é designada por A $\triangle$ B ou $A \oplus B$ e é definida como

$$A \triangle B = (A - B) \cup (B - A).$$

Existe uma fórmula alternativa para a diferença simétrica de conjuntos que diz

$$A \triangle B = (A \cup B) - (A \cap B).$$

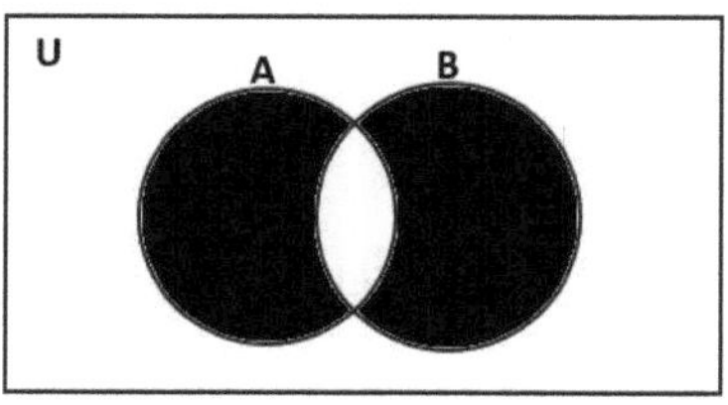

Exemplo: A = {1, 2, 3, 4}

B = {2, 3, 5, 6}

A Δ B = {1, 4, 5, 6}.

Para quaisquer três conjuntos A, B e C

- $A \Delta B = A' \Delta B'$
- $A \Delta A = \varphi$ and $A \Delta \varphi = A$
- $A \Delta B = (A - B) \cup (B - A) = (B - A) \cup (A - B) = B \Delta A$, ou seja, a diferença simétrica é comutativa.
- $A \Delta (B \Delta C) = (A \Delta B) \Delta C$, ou seja, a diferença simétrica é associativa.
- $A \cap (B \Delta C) = (A \cap B) \Delta (A \cap C)$

Identidades de conjuntos

Sejam A, B e C três conjuntos e estes três conjuntos são subconjuntos do conjunto universal U.

As identidades dos conjuntos são

- Leis de identidade

  $A \cup \varphi = A$ $A \cap U = A$

- Leis de dominação

  $A \cup U = U$ $A \cap \varphi = \varphi$

- Leis de idempotência

  $A \cup A = A$ $A \cap A = A$

- Lei complementar

  $A \cup A' = U$ $A \cap A' = \varphi$

- Lei do duplo complemento

$$(A')' = A$$

- Leis comutativas

$$A \cup B = B \cup A \qquad\qquad A \cap B = B \cap A$$

- Leis associativas

$$(A \cup B) \cup C = A \cup (B \cup C)$$

$$(A \cap B) \cap C = A \cap (B \cap C)$$

- Leis distributivas

$$A \cup (B \cap C) = (A \cup B) \cap (A \cup C)$$
$$A \cap (B \cup C) = (A \cap B) \cup (A \cap C)$$

- Lei de De Morgan

$$(A \cup B)' = A' \cap B' \qquad\qquad (A \cap B)' = A' \cup B'$$

- Lei de absorção

$$A \cup (A \cap B) = A \qquad\qquad A \cap (A \cup B) = A$$

- Definir lei das diferenças

$$A - B = A \cap B'$$

Existem diferentes formas de provar identidades de conjuntos.

O método básico para provar a identidade de um conjunto é o método do elemento ou o método da dupla inclusão. Baseia-se na definição de igualdade de conjuntos; dois conjuntos A e B são ditos iguais se $A \subseteq B$ e $B \subseteq A$. Neste método, temos de provar que o lado esquerdo (LHS) de uma identidade de conjunto é um subconjunto do lado direito (RHS) e vice-versa.

Por exemplo: Para provar $A \cap (B \cup C) = (A \cap B) \cup (A \cap C)$

Seja, $x \in A \cap (B \cup C)$ seja um elemento qualquer.

Então $x \in A$ e $x \in B \cup C$

$\Rightarrow x \in A$ and $x \in B$ or $x \in C$

Se $x \in B$, então como $x \in A$, $x \in A \cap B$

Se $x \in C$, então como $x \in A$, $x \in A \cap C$

ou seja $x \in A \cap B$ or $x \in A \cap C$ (ou ambos, claro)

$\Rightarrow x \in (A \cap B) \cup (A \cap C)$

$\Rightarrow A \cap (B \cup C) \subseteq (A \cap B) \cup (A \cap C)$ ... (1)

Mais uma vez, $y \in (A \cap B) \cup (A \cap C)$

$\Rightarrow y \in (A \cap B)$ or $y \in (A \cap C)$

$\Rightarrow y \in A$ and B or $y \in A$ and C

$\Rightarrow y \in A$ and $y \in B$ or C

$\Rightarrow y \in A$ and $y \in B \cup C$

$\Rightarrow y \in A \cap (B \cup C)$

$\Rightarrow (A \cap B) \cup (A \cap C) \subseteq A \cap (B \cup C)$ ... (2)

De (1) e (2) obtém-se o resultado.

Também podemos provar identidades de conjuntos utilizando **a tabela de associação**. A prova por tabela de associação é como as tabelas de verdade na lógica proposicional, exceto que utilizamos 1's e 0's em vez de T e F, respetivamente. Aqui verificamos que os elementos da mesma combinação de conjuntos pertencem ou não pertencem sempre ao mesmo lado da identidade. Utiliza-se 1 para indicar que o elemento está no conjunto e 0 para indicar que não está.

Exemplo: **Para provar** $(A \cup B) - B = A - B$

A	B	$A \cup B$	$(A \cup B) - B$	A-B
1	1	1	0	0
1	0	1	1	1
0	1	1	0	0
0	0	0	0	0

Repare que a coluna azul é exatamente igual à coluna vermelha, o que mostra que o lado direito da afirmação dada é equivalente ao lado esquerdo.

União e intersecção generalizadas

Vamos, $A_1, A_2, \dots A_n$ seja uma coleção indexada de conjuntos.

A união da coleção de conjuntos é o conjunto dos elementos que são elementos de pelo menos um conjunto da coleção.

Utilizamos a notação

$$\bigcup_{i=1}^{n} A_i = A_1 \cup A_2 \cup \dots \cup A_n$$

para denotar a união dos conjuntos $A_1, A_2, \dots A_n$

Do mesmo modo, a intersecção de uma coleção de conjuntos é o conjunto que contém os elementos que são membros de todos os conjuntos da coleção.

Utilizamos a notação

$$\bigcap_{i=1}^{n} A_i = A_1 \cap A_2 \cap \dots \cap A_n$$

para denotar a intersecção dos conjuntos $A_1, A_2, \dots A_n$

Exemplo:

$$\text{Vamos, } A_i = [i, \infty), 1 \le i < \infty$$

$$\bigcup_{i=1}^{n} A_i = [1, \infty)$$

$$\bigcap_{i=1}^{n} A_i = [n, \infty)$$

Unidade IV
Relação

Uma relação é um conceito que descreve uma relação entre elementos de dois conjuntos. É uma forma de expressar como os elementos de um conjunto estão relacionados com elementos de outro (ou do mesmo) conjunto. Na nossa vida quotidiana, encontramos muitos padrões que caracterizam relações como irmão e irmã, pai e filho, professor e aluno. Também na matemática encontramos muitas relações, como o número m é menor que o número n, a reta l é paralela à reta m, o conjunto A é um subconjunto do conjunto B. Em todos estes casos, verificamos que uma relação envolve pares de objectos numa determinada ordem.

Conjuntos:

Um conjunto é uma coleção de objectos distintos e bem definidos, tipicamente denotados por letras maiúsculas como A, B etc.

Pares encomendados:

Um par ordenado é um par de elementos escritos numa ordem específica, normalmente como (a, b). O primeiro elemento é de um conjunto e o segundo elemento é de outro conjunto.

Produtos cartesianos de conjuntos:

Suponhamos que A é um conjunto de 2 cores e B é um conjunto de 3 objectos, ou seja

$$A = \{red, blue\} \text{ e } B = \{b, c, s\},$$

em que b, c e s representam um saco, um casaco e uma camisa, respetivamente. Quantos pares de objectos coloridos podem ser formados a partir destes dois conjuntos?

Procedendo de uma forma muito ordenada, podemos ver que haverá 6 pares distintos, como indicado abaixo:

$$(red, b), (red, c), (red, s), (blue, b), (blue, c), (blue, s).$$

Assim, obtemos 6 objectos distintos.

Um par ordenado de elementos retirados de dois conjuntos quaisquer P e Q é um par de elementos escritos entre parênteses rectos e agrupados numa determinada ordem, *ou seja* $(p, q), p \in P$ e $q \in Q$. Isto leva à seguinte definição:

Dados dois conjuntos não vazios P e Q. O produto cartesiano $P \times Q$ é o conjunto de todos os pares ordenados de elementos de P e Q ou seja

$$P \times Q = \{(p, q): p \in P, q \in Q\}$$

Se um dos P ou Q é o conjunto nulo, então $P \times Q$ também será um conjunto vazio, *ou seja* $P \times Q = \phi$.

Relação:

Uma relação R de um conjunto não vazio A para um conjunto não vazio B é um subconjunto do conjunto produto cartesiano $A \times B$. O subconjunto deriva da descrição de uma relação entre o primeiro elemento e o segundo elemento dos pares ordenados em $A \times B$.

O conjunto de todos os primeiros elementos de uma relação R é chamado o domínio da relação R e o conjunto de todos os segundos elementos, chamados imagens, é chamado o domínio da relação R.

Por exemplo, o conjunto $R = \left\{(1,2),(-2,3),\left(\frac{1}{2},3\right)\right\}$ é uma relação; o domínio de $R = \left\{1,-2,\frac{1}{2}\right\}$ e a gama de $R = \{2,3\}$.

Uma relação pode ser representada pela forma Roster ou pela forma set builder, ou por um diagrama de setas que é uma representação visual de uma relação.

Se $n(A) = p, n(B) = q$; então o $n(A \times B) = pq$ e o número total de relações possíveis do conjunto A para o conjunto $B = 2^{pq}$.

Tipos de relações:

Sabemos que uma relação num conjunto A é um subconjunto de $A \times A$. Assim, o conjunto vazio $\phi \square$ and $A \times A$ são duas relações extremas. Para ilustrar, considere-se uma relação R no conjunto $A = \{1,2,3,4\}$ dada por $R = \{(a,b): a - b = 10\}$. Este é o conjunto vazio, pois nenhum par (a,b) satisfaz a condição $a - b = 10$. Do mesmo modo, $R' = \{(a,b) : |a - b| \geq 0\}$ é o conjunto completo $A \times A$, pois todos os pares (a,b) em $A \times A$ satisfazem $|a - b| \geq 0$. Estes dois exemplos extremos conduzem-nos às definições seguintes.

- Uma relação R num conjunto A é designada por *relação vazia*, se nenhum elemento de A está relacionado com qualquer elemento de A, ou seja, $R = \phi \subset A \times A$.
- Uma relação R num conjunto A é chamada *relação universal* se cada elemento de A está relacionado com todos os elementos de A, ou seja $R = A \times A$.

Tanto a relação vazia como a relação universal são por vezes chamadas *relações triviais*.

Exemplo: Seja A seja o conjunto de todos os alunos da escola de um rapaz. Mostre que a relação R em A dada por $R = \{(a,b) : a\ is\ sister\ of\ b\}$ é a relação vazia e $R' = \{(a,b) : the\ difference\ between\ heights\ of\ a\ and\ b\ is\ less\ than\ 3\ meters\}$ é a relação universal.

Solução: Uma vez que a escola é de rapazes, nenhum aluno da escola pode ser irmã de qualquer aluno da escola. Daí, $R = \phi$, mostrando que R é a relação vazia. Também é óbvio que a diferença entre as alturas de dois alunos da escola tem de ser inferior a 3 metros. Isto mostra que $R' = A \times A$ é a relação universal.

Nota: Se $(a,b) \in R$, então a está relacionado com b e pode ser escrito como aRb.

Composição das relações:

A composição de relações refere-se a um método de combinação de duas relações para formar uma nova relação.

Consideremos duas relações R e S sobre os conjuntos A, B, e C. Seja R seja uma relação do conjunto A para o conjunto B, denotada por $R \subseteq A \times B$ e S seja uma relação do conjunto B ao conjunto C, denotada por $S \subseteq B \times C$.

A composição destas relações, denotada por $S \circ R$ é uma relação do conjunto A para o conjunto C e é definida como:

$$S \circ R = \{(a, c) \in A \times C \mid \exists\, b \in B \text{ such that } (a, b) \in R \text{ and } (b, c) \in S\}$$

Em termos mais simples, a composição $S \circ R$ contém todos os pares (a, c) tais que existe um elemento $b \in B$ em que a está relacionado com b por R e b está relacionado com c por S.

Exemplo:

Deixar , $A = \{1, 2\}, B = \{3, 4\}, C = \{5, 6\}$

e temos as relações:

$R = \{(1, 3), (2, 4)\}$ de A para B

e

$S = \{(3, 5), (4, 6)\}$ de B a C.

Então a composição $S \circ R$ será: $S \circ R = \{(1, 5), (2, 6)\}$.

Isto deve-se ao facto de, para $a = 1$, $b = 3$, e $c = 5$, uma vez que $(1, 3) \in R$ e $(3, 5) \in S$, temos $(1, 5) \in S \circ R$.

Para $a = 2$, $b = 4$, e $c = 6$, uma vez que $(2, 4) \in R$ e $(4, 6) \in S$, temos $(2, 6) \in S \circ R$.

Relação de equivalência:

Uma relação de equivalência num conjunto é uma relação que é reflexiva, simétrica e transitiva. Assim, diz-se que uma relação R num conjunto A é uma relação de equivalência se for

(i) Reflexivo, ou seja, para cada $a \in A, aRa$
(ii) Simétrico, ou seja, para todos os $a, b \in A, aRb \Rightarrow bRa$
(iii) Transitivo, ou seja, para todos os $a, b, c \in A, aRb \text{ and } bRc \Rightarrow aRc$

Exemplo:

Seja, A seja o conjunto de todas as rectas de um plano e R seja uma relação em A tal que

$R = \{(l, m) \mid l, m \in A, \ l \| m\}$ então R é

Reflexivo: como $(l, l) \in R \ \forall \ l \in A$

como $l \| l \ \forall \ l \in A$

Simétrico: como se $(l, m) \in R$ então $l \| m$

$$\Rightarrow m \| l$$

$$\Rightarrow (m, l) \in R$$

Transitivo: se $(l, m) \in R, (m, n) \in R$

depois $l||m, m||n$

$$\Rightarrow l||n$$

$$\Rightarrow (l, n) \in R$$

Assim, a relação de paralelismo é uma relação de equivalência.

Partição:

Uma partição de uma relação refere-se normalmente à forma como uma relação de equivalência sobre um conjunto divide esse conjunto em subconjuntos disjuntos (classes de equivalência), em que cada elemento do conjunto pertence exatamente a um subconjunto e a união desses subconjuntos é o conjunto criginal. Este conceito é fundamental no estudo das relações de equivalência e das suas aplicações em vários ramos da matemática.

Antes de discutir a partição de uma relação, é essencial compreender o conceito de partição de um conjunto:

Partição de um Conjunto: Dado um conjunto S uma partição de S é uma coleção de subconjuntos não vazios e disjuntos $\{S_1, S_2, \ldots, S_n\}$ \) tais que:

1. $S_1 \cup S_2 \cup \ldots \cup S_n = S$ (a união dos subconjuntos é igual ao conjunto original).

2. $S_i \cap S_j = \emptyset$ para $i \neq j$ (os subconjuntos são disjuntos, o que significa que nenhum elemento é partilhado entre subconjuntos diferentes).

3. Cada S_i não é vazio.

Partição de uma relação:

Dada uma relação $R \subseteq A \times A$ sobre um conjunto A, uma partição da relação R está associada ao conceito de relações de equivalência e de classes de equivalência.

Classes de equivalência e partição:

Se R é uma relação de equivalência no conjunto A. Para cada $a \in A$, a classe de equivalência de a é denotada por $[a]$ que é definida como

$$[a] = \{x \in A| \, xRa\}$$

O conjunto de todas as classes de equivalência forma uma partição de A.

Exemplo:

Consideremos um conjunto $A = \{1, 2, 3, 4\}$ e suponhamos que definimos uma relação R sobre A tal que:

$$R = \{(1, 1), (2, 2), (3, 3), (4, 4), (1, 2), (2, 1), (3, 4), (4, 3)\}.$$

Esta relação R pode ser demonstrada como sendo uma relação de equivalência (é reflexiva, simétrica e transitiva). Agora, podemos encontrar as classes de equivalência:

A classe de equivalência de 1: $\{1, 2\}$
A classe de equivalência de 3: $\{3, 4\}$

Assim, a partição de A induzida pela relação R é $\{\{1, 2\},\ \{3, 4\}\}$.

Congruência módulo

Seja, o conjunto dos números inteiros Z e $n \neq 0$ seja um número inteiro fixo qualquer. Para qualquer $a, b \in Z$, dizemos a congruente a b módulo n se $n|(a - b)$ e denotado por $a \equiv b(mod\ n)$.

Agora, esta relação de congruência módulo nos inteiros é uma relação de equivalência porque

Reflexividade: $a \equiv a(mod\ n)$

$\qquad$ como $a - a$ é divisível por n

$\qquad$ como $0 = a - a = 0.\,n$

Simétrico: $\quad a \equiv b(mod\ n)$

$\qquad$ Depois $n|(a - b)$

$\qquad \Rightarrow \exists c, s.t.\ a - b = nc$

$\qquad \Rightarrow b - a = -nc = (-c)n$

$\qquad \Rightarrow b \equiv a(mod\ n)$

Transitividade: $\qquad$ Seja $a \equiv b(mod\ n), b \equiv c(mod\ n)$

$\qquad$ Depois $n \mid a - b,\ n \mid b - c$

$\qquad \Rightarrow \exists\ p\ and\ q, s.t.\ a - b = pn, b - c = qn$

$\qquad$ Now, $\quad a - c = (a - b) + (b - c)$

$\qquad\qquad = pn + qn = n(p + q) = rn$

Por conseguinte, $\qquad \exists\ r \in Z, s.t.\ a - c = nr$

$\qquad \Rightarrow n|(a - c)$

$$\Rightarrow a \equiv c \, (mod \; n)$$

Relação de ordem parcial

Uma relação R sobre um conjunto A é chamada uma relação de ordem parcial se for reflexiva, anti-simétrica e transitiva. O conjunto A juntamente com a relação de ordem parcial R é chamado um conjunto parcialmente ordenado ou poset; denotado por (A, R).

Exemplo:

1. Seja $Z = $ o conjunto dos números inteiros, então a relação $\leq$ é uma relação de ordem parcial em Z, pois é

   Reflexivo: como $a \leq a \quad \forall a \in Z$

   Anti-simétrico: como $a \leq b, b \leq a \Rightarrow a = b \quad \forall a, b \in Z$

   Transitivo: como $a \leq b, b \leq c \Rightarrow a \leq c \quad \forall a, b, c \in Z$

2. O conjunto N dos números naturais em divisibilidade, ou seja, 'x divide y' forma um poset, pois é

   Reflexivo: como $x/x \quad \forall x \in N$

   Anti-simétrico: como $x/y, y/x \Rightarrow x = y \quad \forall x, y \in N$

   Transitivo: como $x/y, y/z \Rightarrow x/z \quad \forall x, y, z \in N$

n- tuplos (n- tuplo ordenado):

É um conjunto ordenado de n elementos em que $n \geq 1$.

   1- tupla (singleton) : (2)

   2 - tupla (par)   : (3,4)

   3 - tuplo (triplo)   : (2,5,6)

   4 - tuplo (quadruplo) : (1,4,6,3)

n- relação de matriz:

Podemos ter relações entre mais de 2 conjuntos.

Uma relação binária envolve 2 conjuntos e pode ser descrita por um conjunto de pares.

Uma relação ternária envolve 3 conjuntos e pode ser descrita por um conjunto de triplas.

Uma relação n-array envolve $n - $ conjuntos e pode ser descrita por um conjunto de n-tuplos.

Sejam, $A_1, A_2, \ldots A_n$ sejam conjuntos. Uma relação n – sobre estes conjuntos é um subconjunto do produto cartesiano $A_1 \times A_2 \times \ldots A_n$. Os conjuntos $A_1, A_2, \ldots A_n$ são chamados domínios da relação e n é designado por grau.

Exemplo:

Sejam, N o conjunto dos números naturais e R seja a relação em $N \times N \times N$ constituída por triplas (a, b, c) tais que $a < b < c$.

onde, $R = \{(1,2,3), (1,2,4), \ldots (1,3,4), (1,2,5), \ldots (2,3,4), \ldots\}$

A relação tem grau 3.

Os domínios da relação são o conjunto dos números naturais N.

Exercício

1. Seja T seja o conjunto de todos os triângulos num plano com R uma relação em T dada por $R = \{(T_1, T_2) : T_1 \ is \ congruent \ to \ T_2\}$. Mostre que R é uma relação de equivalência.
2. Mostre que a relação R no conjunto Z dos inteiros dada por $R = \{(a, b): 2 \ divides \ a - b\}$ é uma relação de equivalência.
3. Mostre que a relação R no conjunto $\Re$ dos números reais, definida como $R = \{(a, b)|\ a \leq b^2\}$ não é reflexiva, nem simétrica, nem transitiva.
4. Mostre que a relação R no conjunto $A = \{1, 2, 3, 4, 5\}$ dada por $R = \{(a, b) : |a - b| \ is \ even\}$é uma relação de equivalência. Mostre que todos os elementos de $\{1, 3, 5\}$ estão relacionados entre si e todos os elementos de $\{2, 4\}$ estão relacionados entre si. Mas nenhum elemento de $\{1, 3, 5\}$ está relacionado com qualquer elemento de $\{2, 4\}$.
5. Let $X = \{4, 5, 6\}$, $Y = \{a, b, c\}$ e $Z = \{l, m, n\}$. Consideremos a relação $R_1 = \{(4, a), (4, b), (5, c), (6, a), (6, c)\}$ e $R_2 = \{(a, 1), (a, n), (b, 1), (b, m), (c, 1), (c, m), (c, n)\}$. Encontre a composição da relação
   (i) $R_1 \circ R_2$
   (ii) $R_1 \circ R_1^{-1}$

REFERÊNCIAS

Sarkar, Swapan Kumar, *A Textbook of Discrete Mathematics*, 9th Edition, S. Chand Publishing. (ISBN 9385676458, 9789385676451)

Srivastava S.M, *A Course on Mathematical Logic*, Springer, 2012

Khanna V. K. and S.K., *A Course in Abstract Algebra*, Third Edition, 2016.

Halmos P.R., *Naive Set Theory*, Springer,1974.

Kamke E., *Theory of Sets*, Dover Publishers.1950.

Printed by Books on Demand GmbH, Norderstedt / Germany